STABILE SCHRAUBVERBINDUNGEN

Nancy Dickmann

Ars Scribendi Verlag

Originaltitel: Simple Machines, Screws © 2018 Brown Bear Books Ltd.

Übersetzung: Christi na Klüyken, BVK Buch Verlag Kempen GmbH
Redakti on: Simone Mann / Sandy Willems-van der Gieth, BVK Buch Verlag Kempen GmbH
DTP deutsche Ausgabe: Freek Kuijstermans
Produktion Brown Bear Books: Nancy Dickmann, Keith Davis, Sophie Mortimer, Lindsey Lowe und Anne O'Daly
Gedruckt in Malaysia

ISBN 978-94-6341-536-1

Kontaktieren Sie lektorat@coronalesen.de oder besuchen Sie: www.coronalesen.de.
Fragen zu den Veröffentlichungen von Ars Scribendi richten Sie bitte an den Herausgeber.
Der Herausgeber übernimmt keine Verantwortung für Fehler oder Missverständnisse.

Rechenschaftspflicht
Der Herausgeber dankt den folgenden Personen und Organisationen für die Erlaubnis, ihr Material in dieser Publikation zu verwenden und zu reproduzieren: Cover: © Dreamstime: Stephen Mcsweeny rechts; © Shutterstock: links. Innenteil: © Alamy: Patrick Guenette 12, Paul Mayall Italy 12–13; © Dreamstime: Valentin Armianu 20–21, Kurhan 6–7, Stephen Mcsweeny 14, Seoterra 6, Olena Yakobchuk 9; © Public Domain: 15 Mitte rechts; © Shutterstock: 1, 11, 17 oben rechts, 20 rechts, 21 unten, Suzanne Tucker 10; © Thinkstock: istockphoto 4, 4–5, 8–9, 10–11, 14–15, 15 unten, 16, 16–17, 18–19. Alle weiteren Illustrationen und Fotos © Brown Bear Books.

Mehr Informationen über unser Programm finden Sie auf **www.coronalesen.de**.
Bestellen können Sie über unsere Webseite oder über den (Online-)Buchhandel.

Dieses Logo bietet Erstlesern, leseschwachen Kindern, Lehrern und Lehrerinnen online eine zusätzliche Hilfe zu diesem Buch.

Verwenden Sie dafür den Code auf **www.coronalesen.de**

15361

Inhaltsverzeichnis

Was ist eine Schraube? 4
Was sind Maschinen? 6
Schrauben und Kräfte 8
Zusammenhalten 10
Schrauben früher 12
Schrauben heute 14
Schrauben zu Hause 16
Komplexe Maschinen 18
Finde die Schraube! 20
Probier's aus! 22
Glossar 23
Erfahre noch mehr 24
Index 24

Einige Wörter sind **fett** gedruckt.
Erklärungen findest du auf Seite 23 im Glossar.

Was ist eine Schraube?

Du hast bestimmt schon Schrauben gesehen. Sie werden verwendet, um zwei Holzteile miteinander zu verbinden. Aber es gibt noch viele andere Schraubenarten. Sie haben alle die gleiche Form. Sie haben auch alle den gleichen Zweck.

Schrauben gibt es in allen Größen, von winzig klein bis riesig groß.

Eine Schraube ist eine besondere **Rampe.** Rampen sind flache Oberflächen, die auf einer Seite höher sind als auf der anderen Seite.
Eine Schraube ist eine Rampe, die die Form einer Spirale hat.

Was sind Maschinen?

Maschinen gibt es überall in unserer Umgebung. Sie machen unsere Arbeit leichter. Eine Maschine wie eine Schraube kann uns dabei helfen, etwas anzuheben. Außerdem kann sie etwas befestigen. Manche Maschinen verstärken eine **Kraft.**

WOW!

Viele Dinge aus unserem Alltag sind Maschinen. Eine Bohrmaschine ist eine komplizierte Maschine. Der Bohreinsatz ist eine einfache Schraube.

Manche Maschinen sind einfach. Sie haben nur ein Teil. Maschinen wie Motoren haben viele Teile. Sie sind komplex. Die Teile arbeiten alle zusammen.

Schrauben und Kräfte

Eine Kraft löst eine Bewegung aus. Schrauben ändern die Richtung der Kraft. Sie nehmen eine Kraft auf, die sich dreht. Sie wandeln sie in eine Kraft um, die sich nach unten und nach oben bewegt.

Gewinde

Eine Schraube hat Erhöhungen und Rillen. Das nennt man **Gewinde.**

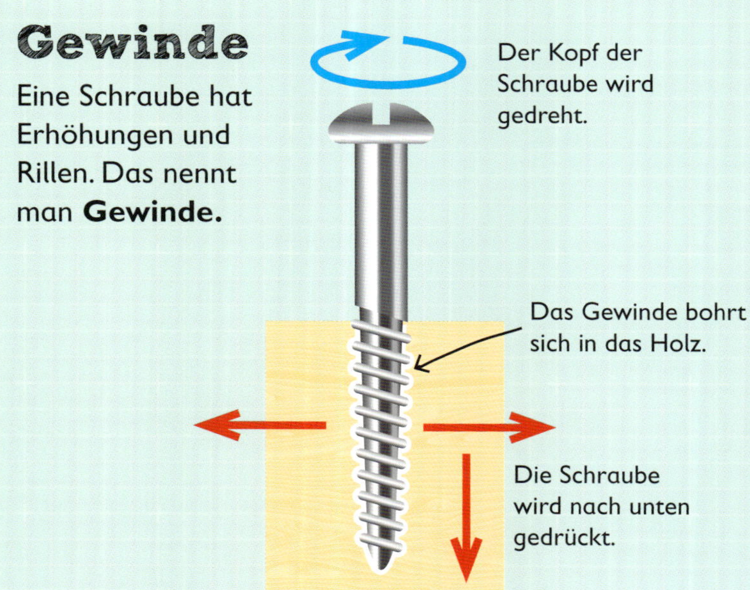

Einen Nagel mit einem Hammer zu schlagen, ist schwer.
Man braucht weniger Kraft, eine Schraube zu drehen.
Die Arbeit ist leichter, dauert aber länger.

Zusammenhalten

Schrauben können etwas zusammenhalten. Das Gewinde dreht sich tief ins Holz. Eine lange Schraube kann zwei Stücke Holz zusammenhalten. Man bräuchte sehr viel Kraft, um die Stücke zu trennen.

WOW!

Ein Glas kann am Rand oben eine Schraube haben. Diese passt genau in das Gewinde im Deckel. Das Gewinde hält den Deckel fest auf dem Glas.

Manche Schrauben passen in eine Mutter. Im Inneren der Mutter gibt es ein Gewinde. Dieses Gewinde passt zu dem Gewinde der Schraube. Die beiden Teile werden fest zusammengeschraubt.

Schrauben früher

Schrauben werden schon sehr lange genutzt. Die Alten Griechen verwendeten sie, um ihr Getreide zu wässern. Eine Schraube war in einem Rohr. Die untere Seite des Rohrs wurde ins Wasser gestellt. Dann wurde die Schraube gedreht. Das Wasser wurde nach oben transportiert.

Die Schraube dreht sich. Dadurch kommt Wasser oben aus dem Rohr. Das ist die *archimedische Schraube*.

Schrauben wurden auch in einer **Presse** verwendet. Durch das Drehen der Schraube wurde ein schweres Gewicht nach unten gedrückt. Das Gewicht konnte Oliven zerdrücken, um Öl zu bekommen. Äpfel wurden für Apfelsaft zerdrückt.

WOW!

Mit einer Schraubenpresse konnte man auch Bücher drucken. Die Presse drückte Buchstaben auf das Papier.

Schrauben heute

Schrauben haben verschiedene Aufgaben. Ein Stangenbohrer verwendet eine Schraube. Große Stangenbohrer bohren sich in die Erde. Die Schrauben drehen sich, um sich immer weiter in den Boden zu drücken. Sie bringen Erde an die Oberfläche.

Fischer verwenden Stangenbohrer. So können sie ein Eisloch bohren und Fische fangen.

WOW!

Eine Wasserkraftschnecke ist in einem Fluss. Das Wasser fließt an ihr vorbei. Dadurch dreht sich die Schraube. Die Bewegung der Schraube wird in Strom umgewandelt.

Viele Brücken werden mit Stahlbolzen gebaut. Die Bolzen haben ein Gewinde. Sie werden fest in eine Mutter gedreht. Ganz viele Bolzen halten die Brücke zusammen.

Schrauben zu Hause

In deinem Zuhause gibt es bestimmt auch Schrauben. Ein Wasserhahn draußen hat ein Gewinde. Daran kann man einen Schlauch befestigen. Die Gewinde passen zusammen.
Sie bilden eine Dichtung. So kann kein Wasser auslaufen.

WOW!

Eine Glühbirne hat eine Metallschraube. Man kann sie in die Befestigung einer Lampe schrauben. Das Gewinde hält die Glühbirne fest.

Fahrradreifen haben ein Ventil, um sie mit mehr Luft zu füllen. Das Ventil hat auch ein Gewinde am Ende. Eine Kappe wird darauf geschraubt.

Komplexe Maschinen

Schrauben sind einfache Maschinen. Es gibt auch noch andere einfache Maschinen wie **Hebel** oder **Keile.** Diese Maschinen können verbunden werden. Dann entsteht eine **komplexe Maschine.** Die Teile arbeiten zusammen.

WOW!

Eine Schraubzwinge hält etwas fest. Sie besteht aus einer Schraube mit einem Hebel am Ende. Mit dem Hebel kann man die Schraube mit mehr Kraft bewegen.

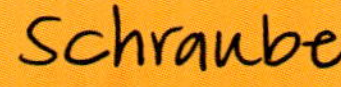

Diese Maschine schält Äpfel. Sie besteht aus einfachen Maschinen. Eine lange Schraube hält den Apfel fest. Mit einem Hebel wird die Schraube gedreht. Sie drückt den Apfel gegen einen Keil. Der Keil schneidet in die Schale und schält den Apfel.

Finde die Schraube!

Kannst du die Schrauben in den Bildern entdecken?

5
4

Probier's aus!

Eine Schraube ist eine ganz besondere Rampe.
Aber wie wird eine Rampe zu einer Schraube?

Du brauchst:

- **1 Blatt Papier**
- **1 Stift**
- **1 Filzstift oder Buntstift**
- **1 Lineal**
- **1 Schere**
- **Klebeband**

1. Nimm dein Lineal und zeichne eine diagonale Linie von einer Ecke des Papiers zur anderen Ecke.

2. Schneide an der Linie entlang. Du erhältst ein Dreieck. Das ist die Form einer Rampe. Male die Linie farbig an, an der du geschnitten hast.

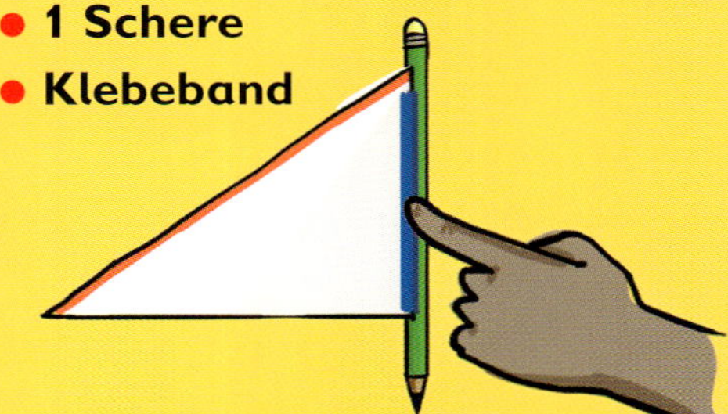

3. Klebe eine weiße Seite an einen Stift.

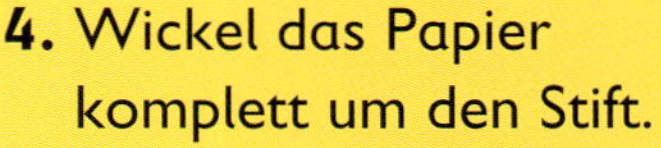

4. Wickel das Papier komplett um den Stift.

5. Klebe das Endstück fest.

Erkennst du, wie das Papier in einer Spirale um den Stift läuft? Deine Rampe hat sich in eine Schraube verwandelt!

Glossar

Gewinde	Erhöhungen und Rillen um eine Schraube herum
Hebel	Das ist eine einfache Maschine. Ein Hebel hat eine lange Stange, die sich auf einem Punkt bewegt. Das ist der Drehpunkt.
Keil	Das ist eine einfache Maschine mit schrägen Seiten. Ein Keil kann Dinge zerteilen.
komplexe Maschine	Das ist eine Maschine aus kleineren Maschinen. Sie kann aus verschiedenen einfachen Maschinen bestehen.
Kraft	Der nötige Aufwand, um etwas zu bewegen.
Maschine	Eine Maschine hilft uns bei der Arbeit. Dafür braucht sie Energie.
Presse	Eine Maschine, die mit einer Schraube ein Gewicht nach unten drückt. Pressen werden verwendet, um etwas zu zerdrücken.
Rampe	Eine flache Oberfläche, die auf einer Seite erhöht ist. Mit Rampen kann man etwas Schweres hochheben.

Lösungen zu den Seiten 20 / 21: Finde die Schraube!
1. die Schraubzwinge, **2.** der Bohreinsatz, **3.** die Wendeltreppe, **4.** das Ende der Glühbirne, **5.** die Gewinde der Bolzen

Erfahre noch mehr

Internetseiten
t1p.de/geolino-archimedische-schraube-basteln

t1p.de/wdr-lauras-werkzeugtipp-schrauben

klexikon.zum.de/wiki/Schraube

Bücher
Coole Kräfte – So arbeiten einfache Maschinen, David Macaulay, Dorling Kindersley Verlag 2016

Kräfte (Wissen kompakt), Angela Royston, Corona 2017

Mechanik (Was ist was? Bd. 46), Karl Pichol, Tessloff Verlag 2018

Index

Bolzen 15

Deckel 10

Gewinde 8, 10, 11, 15 – 17, 23

Hebel 18, 19, 23
Holz 4, 8, 10

Keil 18, 19, 23
komplexe Maschinen 18, 19, 23
Kräfte 6, 8 – 10, 15, 18, 23

Maschinen 6, 7, 18, 19, 23
Muttern 11, 15

Rampen 5, 22, 23

Wasser 12, 15, 16

zusammenarbeiten 7, 18
zusammenhalten 4, 6, 10, 11, 15, 16